绿色家园科普知识丛书

山洪知识早知道

本书编委会 编

U0239074

中国水利水电出版社
www.waterpub.com.cn

·北京·

本书编委会

主　　编：李　青　王文科　石金龙

图书在版编目（CIP）数据

山洪知识早知道 / 《山洪知识早知道》编委会编
. -- 北京 ：中国水利水电出版社，2017.2（2020.6 重印）
ISBN 978-7-5170-5204-3

Ⅰ. ①山… Ⅱ. ①山… Ⅲ. ①山洪－灾害防治－基本
知识 Ⅳ. ①P426.616

中国版本图书馆CIP数据核字(2017)第036826号

书　　名	山洪知识早知道 SHANHONG ZHISHI ZAO ZHIDAO
作　　者	本书编委会　编
出版发行	中国水利水电出版社
	（北京市海淀区玉渊潭南路 1 号 D 座　100038）
	网址：www.waterpub.com.cn
	E-mail: sales@waterpub.com.cn
	电话：(010) 68367658（营销中心）
经　　售	北京科水图书销售中心（零售）
	电话：(010) 88383994、63202643、68545874
	全国各地新华书店和相关出版物销售网点
排　　版	中国水利水电出版社微机排版中心
印　　刷	天津嘉恒印务有限公司
规　　格	170mm×230mm　16 开本　1 印张　13 千字
版　　次	2017 年 2 月第 1 版　2020 年 6 月第 2 次印刷
印　　数	1001—4000 册
定　　价	12.00 元

目　　录

建房选址，怎样防御山洪灾害？

山洪灾害，是指因山洪暴发造成的人员伤亡、财产损失、基础设施毁坏以及环境资源破坏等状况，具有季节性强、频率高、来势迅猛、成灾快、破坏性大、危害严重、区域性明显、易发性强等特点。

因此，建房选址必须考虑到防御山洪灾害，不要切坡建房，不要在低洼易涝处建房，不要在河道拐弯凹岸处建房，不要在两河交叉处建房，不要在桥梁两端建房，不要在不稳定的坡地上建房，不要围河占地建房。

② 应对山洪，如何提前选择转移路线？

受到山洪灾害威胁的区域为危险区，可安全居住和从事生产活动的区域则为安全区。安全区一般避开河道、沟口、低洼地带等位置，通常位于地势较高、平坦的地方。

山洪暴发时，必须组织群众由危险区向安全区撤离，撤离路线就叫防御山洪转移路线。

转移路线必须提前选择，并且经过实地勘查；尽量少穿越或者不穿越桥梁、沟谷；要加强宣传，使干部、群众熟悉转移负责人、转移路线及安置地点等。

山洪灾害暴发前，会有征兆吗？

　　山洪和泥石流暴发前，往往会出现各种征兆。

◆ 山上树木发出沙沙声，山体出现异常的山鸣，可能是因为山地发生山崩或沟岸侵蚀。

◆ 溟沟内水位急剧减少，可能是因为上游河道发生堵塞。

◆ 溟沟的流水非常浑浊，可能是上游发生崩塌。

◆ 有异常臭味出现，可能是上游发生山崩。

◆ 溟沟内发出明显不同于机车、风雨、雷电、爆破的声音，可能是泥石流携带的巨石撞击产生。

　　另外，树木的断裂声、动物的异常行为（例如猫狗无故大声嘶叫等）、山体附近坡面出现不稳定因素、溟沟出现异常洪水等，都可能是山洪灾害发生的征兆。

关注天气，也可以防御山洪

通过关注天气，一定程度上可以防御山洪灾害。当观察到下面几种天气状况时，应提高警惕。

◆ 早晨天气闷热，甚至感到呼吸困难，午后往往有强降雨发生。

◆ 早晨见到远处有宝塔状墨云隆起，一般午后会有强雷雨发生。

◆ 多日天气晴朗无云，天气特别炎热，忽见山岭迎风坡上隆起小云团，一般午后或凌晨会有强雷雨发生。

◆ 炎热的夜晚，听到不远处有沉闷的雷声忽东忽西，一般是暴雨即将来临的征兆。

◆ 看到天边有漏斗状云或龙尾巴云，表明天气极不稳定，随时有雷雨大风来临的可能。

5 身处危险区，应该怎么办?

处于危险区的人员应该做到以下几点。

◆ 了解一定的山洪灾害知识，掌握自救逃生的本领。

◆ 熟悉周围环境，预先选定好紧急情况下躲灾、避灾的安全路线和地点。

◆ 留心注意山洪可能发生的前兆，动员家人做好随时安全转移的思想准备。

◆ 一旦情况危险，及时向主管人员和邻里报警，并迅速转移至安全地点，不要贪恋财物，以免耽误最佳避险时间。

⑥ 遭遇山洪，应该怎么办？

　　遭遇山洪时，应积极展开自救，具体方法如下。

◆ 就近迅速向高地、楼房顶、避洪台等地转移，或者立即跑上屋顶、楼房高层、大树、高墙等地暂避。

◆ 如果遭洪水包围，应设法尽快与当地政府、防洪指挥部门取得联系，报告自己的方位和险情，积极寻求救援。

◆ 如果山洪继续上涨，暂避的地方难以自保，要充分利用现有的器材逃生，例如找门板、木床、大块泡沫等能漂浮的材料扎成筏子逃生。

◆ 如果己被卷入洪水，要尽可能抓住固定的或能漂浮的东西，寻求机会逃生。

◆ 如果发现高压线铁塔倾斜或者电线断头下垂，要迅速远避，防止触电。

★ 注意：千万不要游泳逃生，不要攀爬带电的电线杆和铁塔，不要爬到土坯房的屋顶上。

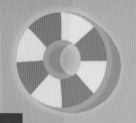

7 山洪深夜来袭，应该怎么办？

对于居住在山洪易发区或冲沟、峡谷、溪岸的居民而言，夜间山洪来袭危害极大，必须加以防范。

每逢连降暴雨，必须保持高度警惕，特别是晚上，应派专人进行监测，如有异常，应立即组织群众迅速撤离现场，就近选择安全地方避险，并设法与外界取得联系，做好下一步的救援工作。

8 住宅被淹，应该怎么办？

如果住宅被淹，家人遭山洪围困，应该做到以下几点。

◆ 安排家人向屋顶转移，不要惊慌失措。

◆ 想方设法发出呼救信号，尽快与外界取得联系，以便得到及时的救援。

◆ 利用竹木等漂浮物将家人护送至附近的高大建筑物上，或者较安全的地方。

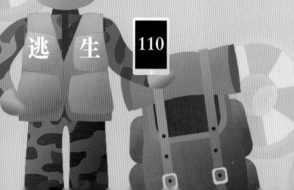

逃生

110

⑨ 驾车途中，如何应对山洪？

　　驾车途中遭遇山洪威胁，应做到以下几点。

◆ 合理控制车速，通过高边坡及库区路段要特别提高警惕，注意观察，快速通过，如若遇到极端恶劣气象状况，应选择空旷场所停靠，待天气恢复正常后继续行驶。

◆ 车辆过漫水桥时需要特别注意，山洪冲击力很大，极易将车推翻，行人或车辆在讯期过漫水桥，当桥面漫水时一定要观察水深和流速。

◆ 车辆经过涵洞（地下通道）时要注意涵洞的积水情况，如果水深超过安全高度，不得通行。

◆ 如果发现道路被山洪、泥石流、滑坡等阻断，应在确保安全的情况下将车辆行驶至安全地带，并向道路主管部门报告情况或拨打"110"等电话报警。

◆ 如果车辆被堵在隧道内，应驶入就近的紧急停车带停放或靠右安全停车，及时打开应急灯，避免后车追尾。

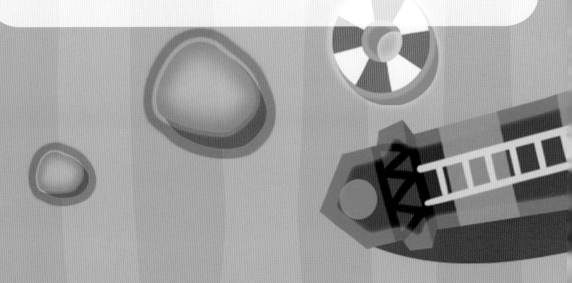

10 旅游途中，如何应对山洪？

　　旅游途中遭遇山洪，应做到以下几点。

◆ 时刻保持冷静，迅速判断现场环境，尽快离开低洼地带，迅速寻找较高处，选择有利地形躲避。

◆ 如果躲避转移未成，应选择如稳定、坚固的岩石或者大树上等较安全的位置固守以待救援，并不断向外界发出求救信号，以便及早得到解救。

◆ 如与其他游客同时被困，应保持集体行动，听从管理人员的指挥，不得单独行动，避免情况不明陷入绝境。

◆ 如能及早脱险，应迅速向当地管理部门报警，并主动服从当地有关部门指挥，积极参加救援行动。

◆ 洪水来临时，切不可顺河谷方向奔跑，应该以最快的速度向左右两侧高坡撤离。

◆ 转移要迅速及时，紧要时可以抛弃负重，不要贪恋财物，以免耽误最佳避险时间。

◆ 任何情况下，都不能轻易涉水过河！

11 山洪灾害过后，饮用水消毒刻不容缓

山洪灾害发生后，饮用水常常会受到污染，因此必须进行消毒才能饮用。饮用水消毒最常用的是氯化消毒和煮沸消毒。

受淹井水消毒：应在水退后立即抽干被污染的井水，清掏污物，对自然渗水进行一次消毒（加氯量 20 ~ 30PPM）后，方可正常使用。

缸水消毒：先将水缸中的水自然沉淀或用明矾澄清，然后用漂白粉晶片碾碎并用冷水调成糊状，按每 50 千克水加一片漂白粉晶片或 10% 漂白粉澄清液 1 汤勺，储存的缸水用完后应及时清除沉淀物。

煮沸消毒：一般细菌在水温 80℃ 左右就不能生存，将水煮沸几分钟后，几乎可以将水中所含的细菌、病毒全部杀死。

应该怎样紧急处理泥石流受伤者？

　　山洪引发的泥石流灾害对人伤害极大，其伤害主要是泥浆使人窒息。

　　将遭压埋的伤员从泥浆或倒塌的建筑物中救出后，应立即清除口、鼻、咽喉内的泥土及痰、血等，排除体内的污水。

　　如果伤员昏迷，应将其平卧，头后仰，将舌头牵出，保持呼吸道的畅通。

　　如果伤员有外伤，应采取止血、包扎、固定等方法处理，严重的应在紧急处理的同时，尽快护送至医院。

面对山洪灾害，急救知识不可少

山洪灾害容易导致人身伤害，因此掌握一定的急救知识大有裨益。

◆ 如果伤员受伤出血，应迅速止血；若出血似喷射状，表示动脉破损，应在伤口上方即出血点与心脏端，找到动脉血管（一条或多条），用手或手掌把血管压住，即可止血。

◆ 如果伤员四肢受伤，可在伤口上端用绳、布带等捆扎，松紧程度视出血状态控制，每隔 1 ~ 2 小时松开一次进行观测并确定后续处理措施。

◆ 如果伤员骨折，应用夹板进行临时固定，没有夹板时也可用木棍、树枝等替代，要领是尽量减少对伤员的移动，肢体与夹板之间要垫平，夹板长度要超过上下两关节，固定绑好后留指尖或趾尖暴露在外。

◆ 如果伤员外伤严重，在紧急处理的同时应迅速求得医务人员的帮助，并将其尽快护送至医院。

防御山洪十要十不要

一要加强防灾避灾心，不要麻痹轻视又大意。
二要远离山洪危险区，不要桥上河边看水去。
三要警惕滑坡泥石流，不要陡坡山崖下避雨。
四要避开河道行洪区，不要下河捞物贪便宜。
五要河谷两侧高处避，不要顺河奔跑方向迷。
六要沿着转移路线走，不要惊慌失措乱撤离。
七要听到预警快转移，不要贪恋财物误时机。
八要服从命令听指挥，不要擅自行动犯纪律。
九要爱护环境与家园，不要毁林滥采开荒地。
十要爱护公物与设施，不要损坏监测预警器。

责任编辑：淡智慧（dzh@waterpub.com.cn）
　　　　　石金龙（sjl@waterpub.com.cn）
封面设计：刘　博

如果遇到山洪，
你知道怎么应对吗？

玩转手机游戏，轻松掌握山洪知识！

《山洪来啦》手机APP游戏界面

微信号:Waterpub-Pro

唯一官方微信服务平台

扫码免费下载《山洪来啦》游戏

安卓版下载链接

苹果版下载链接

ISBN 978-7-5170-5204-3

9 787517 052043 >

定价：12.00元